BEI GRIN MACHT SICH IHR WISSEN BEZAHLT

- Wir veröffentlichen Ihre Hausarbeit, Bachelor- und Masterarbeit

- Ihr eigenes eBook und Buch - weltweit in allen wichtigen Shops

- Verdienen Sie an jedem Verkauf

Jetzt bei www.GRIN.com hochladen und kostenlos publizieren

Anonym

Quantifizierung der Oliosaccharidketten A und B des Thyroglobulins vom Rind

GRIN Verlag

Bibliografische Information der Deutschen Nationalbibliothek:

Die Deutsche Bibliothek verzeichnet diese Publikation in der Deutschen National-
bibliografie; detaillierte bibliografische Daten sind im Internet über http://dnb.d-
nb.de/ abrufbar.

Impressum:

Copyright © 2012 GRIN Verlag GmbH
Druck und Bindung: Books on Demand GmbH, Norderstedt Germany
ISBN: 978-3-656-72312-7

Dieses Buch bei GRIN:

http://www.grin.com/de/e-book/278392/quantifizierung-der-oliosaccharidketten-
a-und-b-des-thyroglobulins-vom

Biochemisches Blockpraktikum

Kohlenhydrate

Quantifizierung der Oliosaccharidketten A und B des Thyroglobulins vom Rind

Gruppe: 1

Fachbereich Biologie, Chemie, Pharmazie
Institut für Biochemie
Thielallee 63
14195 Berlin

Inhaltsverzeichnis

Abstract

Im folgenden Versuch wurden die Oligosaccharidketten A und B des Glykoproteins Thyroglobulins vom Rind durch Proteolyse mit Pronase E isoliert. Der Verdau des Proteinanteils wurde mittels Ninhydrintest und SDS-PAGE verfolgt. Die Zuckerketten wurden durch Größenausschlusschromatographie (engl. *Size exclusion chromatography*, SEC) mithilfe einer FPLC-ÄKTAprime-Säule von den freien Aminosäuren und Peptiden abgetrennt. Anschließend wurden die Oligosaccharidketten A und B mittels Ionenaustauschchromatographie (engl. *Ion exchange chromatography*, IEC) voneinander getrennt. Abschließend wurden die quantitativen Zusammensetzung der Ketten mittels Neutralzuckertest und Sialinsäuretest analysiert.

Die Ergebnisse des Ninhydrintests der Proteolysats, sowie die SDS-PA-Gele weisen auf eine beständig fortschreitende Proteolyse des Proteinanteils hin, sodass davon ausgegangen werden kann, dass Protein nach 48 h nahezu vollständig verdaut wurde. Die Abtrennung der freien Aminosäuren von den Oligosaccharidketten mittels SEC war erfolgreich und verlief mit einer hohen Trennrate. Die Trennung der Ketten A und B mittels IEC war weniger präzise, jedoch ausreichend für diesen Versuch. Leider ist bei der Fraktionsvereinigung der IEC-Säuleneluate, welche die Kette B enthalten sollten, das Gefäß umgekippt, wodurch unnötig Probe verloren ging. Dies erklärt die eher niedrigen Wert für die Kette B. Abschließend lässt sich jedoch sagen, dass der Versuch erfolgreich war. Die Anzahl der experimentell ermittelten Ketten beträgt 17 für Kette A und 8 bzw. 4 für Kette B und liegen in etwa im Bereich der Literaturwerte von 5-8 für Kette A und 13-22 für Kette B. [**Malthiery1989**]

1 Einleitung

Die meisten der heutzutage bekannten Proteine sind glykosyliert. Der Zuckeranteil kann von unter 1 bis über 70 Gewichtsprozent betragen und beeinflusst Proteineigenschaften wie Löslichkeit, Konformation, Lokalisation und Aktivität.

Die Glykosylierung der Proteine findet cotranslational im Endoplasmatischen Retikulum (ER), sowie posttranslational im Golgi-Apparat statt. Im ER wird zunächst ein hochkonserviertes mannosereiches Glykan aus 14 Zuckern von der Oligosaccharyltransferase auf einen Asparaginrest des Proteins übertragen. Im Golgi erfolgen dann die Modifikation der N-Glykosylierung und die O-Glykosylierung an einem Serin- oder Threoninrest.

Die Aufreinigung von Proteinen und die Quantifizierung der Aufreinigung sind essentielle Schritte im Labor. Die Vorgehensweise ist von den molekularen Eigenschaften des zu isolierenden Proteins abhängig. Neben der molekularen Masse sind auch die Ladung und Polarität, der isoelektrische Punkt oder spezifische Affinitäten gegenüber Trennmitteln wichtige Faktoren bei der Wahl der Aufreinigungsmethode.

Im folgenden Versuch soll die quantitative Zusammensetzung der Oligosaccharidketten des Thyroglobulins vom Rind untersucht werden. Thyroglobulin ist ein iodiertes Glykoprotein der Schilddrüse, welches an der Synthese der Schilddrüsenhormone Thiiodthyronin und Thyroxin beteiligt ist. Die Oligosaccharidketten machen etwa 10 Gewichtsprozent aus. Es wird zwischen einer mannosereichen (Kette A) und einer komplexen (Kette B) Oligosaccharidkette unterschieden, welche in Abb 1 dargestellt sind. Die komplexe Kette enthält neben Neutralzuckern negativ geladene Sialinsäuren, wodurch die Ketten mittels IEC voneinander trennbar sind.

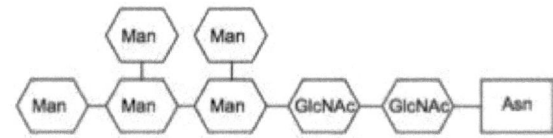

Abbildung 1: Schematische Darstellung des Aufbaus der Ketten A und B des Thyroglobulins nach **Wahl2012**

2 Material und Methoden

2.1 Material

2.1.1 Enzymatische Proteolyse von Thyroglobulin

Thyroglobulin vom Rind	41 mg
Pronase E	gelöst in Tris-Acetat-Puffer, 30 mg/ml (200 µl)
150 mM Tris-Acetat-Puffer	(0,05% Natriumazid)
Laemmli-Puffer	6x
Thermoschüttler	
Dewer mit fl. N_2	

2.1.2 Diskontinuierliche SDS-PAGE nach Laemmi

A Lösungen

Probenpuffer	62.5 mM Tris/HCl, pH 6.8
	3% SDS
	10% Glycerin
	0.025 mg/ml Bromphenolblau
	10 mM β-Mercaptoethanol
10x SDS-Laufpuffer	3% Tris
	14.4% Glycin
	1% SDS in demin. H_2O
Färbelösung	40% Methanol
	10% Eisessig
	0.14% Coomassie Brilliant Blue G-250
Entfärbelösung	40% Methanol
	10% Essigsäure

B Geräte

Elektrophoresekammer
Netzgerät
Schüttelplatte

C Gele

Trenngel (8%)	2 M Tris/HCl, pH 8.8	1.4 ml
	Acrylamid/Bis	2 ml
	H_2O	4 ml
	SDS 20%	37.5 µl
	APS 10%	75 µl
	TEMED	7.5 µl
Trenngel (16%)	2 M Tris/HCl, pH 8.8	1.4 ml
	Acrylamid/Bis	4 ml
	H_2O	2 ml
	SDS 20%	37.5 µl
	APS 10%	75 µl
	TEMED	7.5 µl
Sammelgel (5%)	1 M Tris-HCl, pH 8.8	0.31 ml
	Acrylamid/Bis	0.425 ml
	H_2O	1.75 ml
	SDS 20%	12.5 µl
	APS 10%	25 µl
	TEMED	5 µl

2.1.3 Ninhydrintest

2%ige ethanolische Ninhydrinlösung (100% EtOH)	20 ml
50 mM Natriumacetat, mit Essigsäure auf pH 4.8	1 L
50 mM Glycin (Positivkontrolle)	20 ml
Wasser	
96-well-Platte	
Eppendorfgefäß-Schutzklammern	
Thermoschüttler	
Eisbad	

2.1.4 Größenausschlusschromatographie

FPLC-ÄKTAprime	
Sephadex G-25	
Laufmittel	0.1 M Essigsäure
Fraktionensammler	
Computer	
Eichsubstanzen	Blue Dextran
(1 mg/ml, 1 ml in	Vitamin B12
Tris-Acetatpuffer)	Tyrosin

2.1.5 Ionenaustauschchromatographie

DEAE-Cellulose
Startpuffer   10 mM NH_4HCO_3/Essigsäure, pH 7.5
Elutionspuffer   300 mM NH_4HCO_3/Essigsäure, pH 7.2
Säule
Pumpe
Fraktionssammler
Schläuche
Quetschhahn

2.1.6 Neutralzuckernachweis

Resorcinlösung   6 mg/ml in Wasser
Schwefelsäure   75%-ig in Wasser
96-well-Platte
Paraffin
Folie
Ofen

2.1.7 Sialinsäurenachweis

Resorcinlösung   6 mg/ml in Wasser
Schwefelsäure   75%-ig in Wasser
96-well-Platte
Paraffin
Folie
Ofen

2.2 Methoden

2.2.1 SDS-PAGE

Die Gelelektrophorese ist eine essentielle Methode zur Auftrennung und Identifizierung verschiedener Moleküle anhand ihrer Ladung und ihrer molekularen Masse. Eine spezielle Variante ist die diskontinuierliche Natrium-dodecylsulfat-Polyacrylamidgelelektrophorese (engl. *sodium dodecyl sulfate polyacrylamide gel electrophoresis*, kurz SDS-PAGE). Das Gel ist ein Polymerisat aus Acrylamid und dem Quervernetzer N,N'-Methylenbisacrylamid. Für die Polymerisation wird ein Radikalstarter, z.B. Ammoniumpersulfat (APS), sowie ein Katalysator, z.B. Tetramethylethylendiamin (TEMED) benötigt. Diese Komponenten werden als letztes in den Ansatz gegeben, um eine frühzeitige Polymerisation im Tube zu verhindern.

Bei der diskontinuierlichen SDS-PAGE handelt es sich um ein vertikales Gel, welches aus einem Sammel- und einem Trenngel besteht. Zunächst wird das Trenngel gegossen und mit Wasser überschichtet, um die Oberfläche zu glätten und den Abbruch der Polymerisation durch Luft zu verhindern. Nachdem das Trenngel auspolymerisiert ist, wird das Wasser vorsichtig entfernt, dass Sammelgel auf das Trenngel gegossen und ein Kamm eingesteckt. Das Sammelgel weist einen höheren pH auf und ist durch den geringen Acrylamidgehalt großporiger als das Trenngel. Es dient der Aufkonzentrierung der Probe vor dem Eintritt in das Trenngel. Der Laufpuffer besteht aus Tris, Glycin, SDS und bidestillierten Wasser. Bei pH 6.8 liegen die Glycinmoleküle des Puffersystems als Zwitterionen ohne Nettoladung vor und weisen eine geringe Mobilität auf. Die Chloridionen hingegen wandern aufgrund ihrer hohen negativen Ladungsdichte schnell in Richtung Anode. Sie werden als Leit-Ionen, die Glycin-Zwitterionen als Folge-Ionen bezeichnet. Zwischen ihnen entsteht beim Anlegen eines elektrischen Feldes eine Feldstärkegradient, in welchem sich die Proteine entsprechend ihrer Mobilität anordnen. Die Grundlage dafür ist die Debye-Hückel-Theorie. Ein Zentralion ist stets von einer Ionenwolke entgegengesetzer Ladung umgeben. Beim Anlegen eines elektrischen Feldes wandern Zentralion und Ionenwolke in entgegengesetzter Richtung, wodurch zusätzliche Reibung verursacht wird. Dieser Relaxtionseffekt bewirkt eine Stapelung der Proteine (engl. *stacking*). Sie sammeln sich in einer dünnen Bande, sodass alle Proteine in etwa zeitgleich auf das Trenngel treffen. Durch die deutlich geringere Porengröße und die somit erhöhte Reibungskraft wird die Bandenfront stark retardiert, was die Bande noch weiter schärft. Die Diskontinuität bewirkt folglich eine erheblich verbesserte Auflösung. [**Lottspeich**]

Die eigentliche Trennung wird im Trenngel realisiert. Negativ geladene Moleküle wandern durch Anlegen einer Spannung zur Anode. Die Größe der Gelporen verlangsamt die Fortbewegung großer Moleküle, kleine Moleküle können schneller durch das Gel wandern. Die Teilchen werden dadurch nach ihrer Größe getrennt. Um eine Verfälschung der Wanderungsgeschwindigkeit der Moleküle aufgrund ihrer natürlichen Ladung zu verhindern, wird Natriumdodecylsulfat (SDS) zur Probe hinzugeben. Dieses Detergenz denaturiert Proteine und maskiert deren Eigenladung, sodass die Wanderungsgeschwindigkeit nur noch von der molekularen Mass abhängt. Die maskierten Proteine sind nach der SDS-Behandlung leicht negativ geladen und wandern zur Anode. Posttranslationale Modifikationen der Proteine verhindert eine vollständige Denaturierung, sodass verschmierte Gelbanden entstehen können. Intermolekulare Disulfidbrücken müssen durch Reduktionsmittel wie β-Mercaptoethanol oder Dithiothreitol (DTT) aufgebrochen werden. Anhand eines Markers mit Proteinen bekannter Masse kann ungefähr auf die Masse (apparentes Molekulargewicht) der einzelnen Proteine geschlossen werden.

In diesem Versuch werden 15 μl der verschiedenen Proteolysatansätze aufgetragen, um den Verdau des Proteinanteils des Thyroglobulins zu verfolgen. Für die frühen Lysate wurde ein 8%-iges Gel, für die späten Lysate ein 16%-iges Gel verwendet.

2.2.2 Ninhydrintest

Mit Hilfe des Ninhydrintests können freie Aminosäuren quantitativ nachgewiesen werden. Ninhydrin ist ein starkes Oxidationsmittel und verursacht in der Hitze die oxidative Desaminierung und Decarboxylierung von α-L-Aminosäuren. Es entstehen Kohlendioxid, Ammoniak und ein Aldehyd, das im Vergleich zur Aminosäure um ein C-Atom verkürzt ist. Ninhydrin wird in äquivalenter Menge reduziert. Der Nachweis ist kolorimetrisch. Je ein Molekül reduziertes und oxidiertes Ninhydrin kondensieren mit und Ammoniak zu einem blauvioletten Farbstoff, dem sog. Ruhemanns Purpur, welcher bei einer Wellenlänge von 570 nm im Photometer quantitativ erfasst werden kann. Der Reaktionsverlauf ist in Abb. 2 dargestellt. Prolin und Hydroxyprolin bilden mit Ninhydrin einen gelben Farbstoff.

2.2.3 Größenausschlusschromatographie mittels FPLC-ÄKTAprime

Die Chromatographie ist ein wichtiges präparatives Verfahren in der chemischen und biochemischen Prozessführung zur Trennung von Stoffen. Die Größenausschlusschromatographie ist eine Methode, um Moleküle nach ihrer Größe zu trennen. Als stationäre Phase werden vernetzte Polymere verwendet. Das Molekülgemisch wird in einer mobilen Phase gelöst und auf die stationäre Phase aufgetragen. Große Moleküle wandern schneller durch die Säule als kleine Moleküle, welche in die Poren der stationären Phase diffundieren und dort zurückgehalten werden.

In diesem Versuch wird Sephadex G-25 als stationäre Phase verwendet. Es besteht aus dreidimensional vernetztem Dextran und wird zur Trennung von Molekülen mit einem Molekulargewicht von 1000 - 5000 g/mol verwendet. Durch die SEC an der FPLC-ÄKTAprime werden die Oligosaccharidketten von den freien Aminosäuren des Proteolysats abgetrennt.

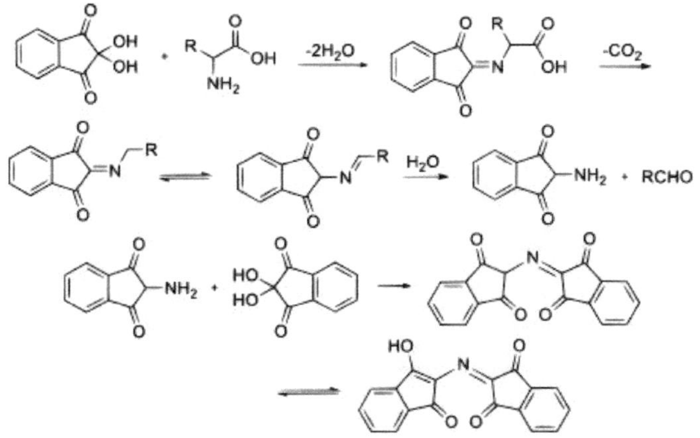

Abbildung 2: Schematische Darstellung des Reaktionsablaufs des Ninhydrintests zum quantitativen Nachweis freier Aminosäuren von http://upload.wikimedia.org/wikipedia/commons/thumb/3/32/Ninhydrin_Reaction_Mechanism.svg/450px-Ninhydrin_Reaction_Mechanism.svg.png

2.2.4 DEAE-Anionenaustauschchromatographie

Die in diesem Versuch verwendete Ionenaustauschchromatographie beruht auf kompetitiven Wechselwirkungen von Ionen mit der Säulenmatrix. Die Oligosaccharidketten besitzen aufgrund ihres unterschiedlichen Aufbaus unterschiedliche Ladungen. Die Sialinsäuren in Kette B erzeugen eine negative Ladung der Kette, weshalb sich die IEC anbietet, um sie von der neutralen Kette A abzutrennen.

Die Anionenaustauschermatrix besteht aus Cellulose, an die positiv geladene Diethylaminoethyl-(DEAE)-Gruppen gebunden sind. Aufgrund elektrostatischer Wechselwirkungen werden negativ geladene Moleküle, in diesem Versuch die Ketten B, retiniert, während positive Moleküle, in diesem Versuch die Ketten A, von der Matrix abgestoßen werden und ungehindert passieren. Die negativen Moleküle werden mit essigsaurem Elutionspuffer eluiert, indem sie von Konkurrenzionen von der Matrix verdrängt werden. [Wahl2012]

3 Ergebnisse

Eine detaillierte Beschreibung der Durchführung ist dem Praktikumsskript **Wahl2012** zu entnehmen.

Veränderungen des Protokolls und Notizen: - Thyroglobulin vom Rind (Bos tauros) statt vom Schwein - Eingesetzte Menge: 41 mg - Probenentnahmen: 04.02.13 12:00/13:20/14:40, 05.02.13 12:20/15:00 - Für die SDS-PAGEs wurde 6x statt 4x Probenpuffer verwendet - Verdünnung des Überstandes vor dem Auftrag auf die ÄKTAprime-Säule: 568 µl Überstand + 232 µl Puffer = 800 µl, Verdünnung: 0,71 - Programm für die ÄKTAprime für den Eichlauf: 3 - Programm für die ÄKTAprime nach Probenauftrag: 4 - Waschprogramm für die ÄKTAprime nach der Elution: 15

3.1 Proteolyse

Das eingewogene Thyroglobulin wurde in Tris-Acetatpuffer gelöst und mit Pronase E versetzt, um den Proteinanteil des Glykoproteins zu verdauen. Zu verschiedenen Zeitpunkten wurden vom Proteolysat Aliquots abgenommen und sofort mit Probenpuffer für die SDS-PAGE aufgekocht bzw. in flüssigem Stickstoff eingefroren, um die Proteolyse abzustoppen. Insgesamt wurde der Proteolyseansatz für 48 h bei 37 C inkubiert.

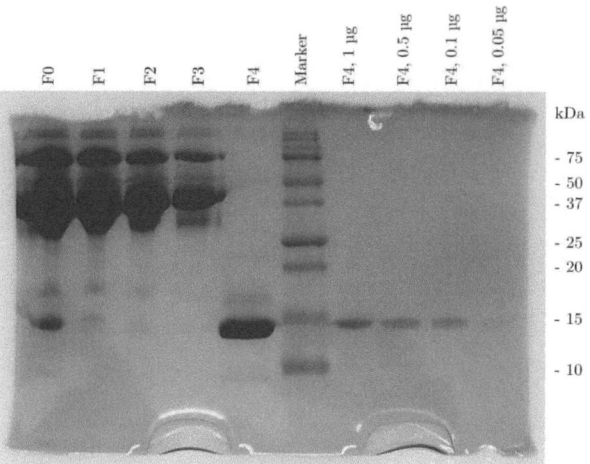

Abbildung 3: Mit Coomassie Brilliant Blau G-250 gefärbtes SDS-Polyacrylamidgel, je 15 µg Protein pro Fraktion, 5 µl Marker Precision Plus Protein Standards Dual Color

3.2 Proteinbestimmung nach Bradford

Es wird in Doppelbestimmung eine Messreihe der BSA-Eichlösung mit verschiedenen Konzentrationen photometrisch vermessen (vgl. Tab. 3 im Anhang). Aus den ermittelten Messwerten wird anschließend die BSA-Konzentration gegen die Absorption aufgetragen und im linearen Bereich der Messwerte eine Eichgerade eingefügt (vgl. Abb. 5 im Anhang).

Da unsere Eichgerade einige extreme Ausreißer aufweist und auch die Werte der Doppelbestimmung sich stark voneinander unterscheiden, wurde auf Anweisung eines Betreuers die Geradengleichung von Gruppe 7 mit ähnlichen, aber besseren Werten zur Konzentrationsbestimmung verwendet.

Die verschiedenen Fraktion werden ebenfalls in Doppelbestimmung vermessen (vgl. Tab. 4 und 5, Anhang). Es wurden unverdünnte und 1:10 verdünnte Proben eingesetzt. Höhere Verdünnungen lagen außerhalb des linearen Bereiches des Lambert-Beer'schen Gesetzes, sowie außerhalb des Bereichs der Eichgerade. Aus den Absorptionswerten wird mit Hilfe der zuvor bestimmten Eichgerade die Konzentrationen berechnet (siehe Anhang).

3.3 SDS-PAGE

Zur qualitativen Charakterisierung der einzelnen Reinigungsschritte wird eine SDS-PAGE nach Laemmli [**Laemmli1970**] durchgeführt. Es werden 15 µg Protein je Fraktion mit Probenpuffer und Wasser versetzt aufgetragen. Zusätzlich werden unterschiedliche Proteinmengen des gereinigten Lysozyms verwendet um die Nachweisgrenze der SDS-PAGE bestimmen zu können. Zur Abschätzung der molekularen Masse werden 5 µl des Markers Precision Plus Protein Standards Dual Color von der Firma BIO-RAD (Catalog #161-0374) aufgetragen. Das Foto des Gels befindet sich in Abbildung 3.

3.4 Enzymaktivitätstest

Es wird die Abnahme der Absorption einer Bakteriensuspension zur Bestimmung der Lysozymaktivität gemessen. Dabei werden die Proben über 3 Minuten in 5-Sekunden-Intervallen bei 470 nm photometrisch vermessen (siehe Tabelle 7 im Anhang).

Die gemessenen Absorptionswerte werden gegen die Zeit aufgetragen (vgl. Abbildung 4). Die Steigungen der Geradengleichungen in Tab. 1 dienen zur Berechnung des Substratumsatzes.

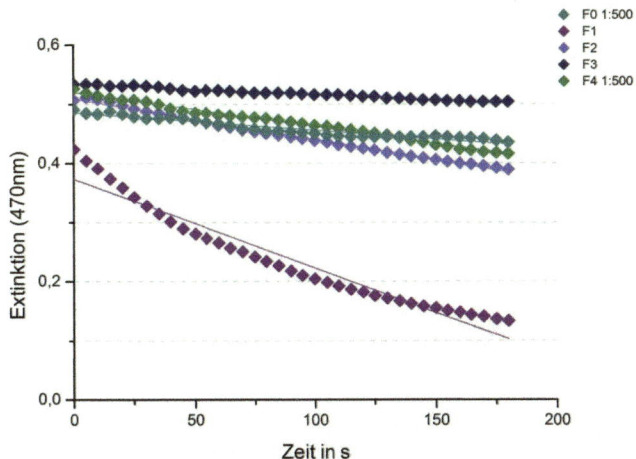

Abbildung 4: Auftragung der Absorption bei 470 nm gegen die Zeit zur Messung der Enzymaktivität

Tabelle 1: Geradengleichungen der Ausgleichsgeraden aus Abb.

Fraktion	Geradengleichung
F0 1:500	$-0.000289189x + 0.48457$
F1	$-0.0015x + 0.37284$
F2	$-0.000685728x + 0,50839$
F3	$-0.000178995x + 0.53373$
F4 1:500	$-0.00057487x + 0.51947$

3.5 Reinigungstabelle

Es wird eine Reinigungstabelle zur übersichtlichen Darstellung der Ergebnisse erstellt (vgl. Tabelle 2). Die Berechnungen sind dem Anhang zu entnehmen.

Tabelle 2: Reinigungstabelle

Frakt.	Vol.	Proteingehalt nach Bradford			Lysozymaktivität				
		Konz.	Gesamt	Ausb.	Vol.akt.	Ges.akt.	Spez. Akt.	Ausb.	Anr.faktor
	ml	mg/ml	mg	%	U/ml	U	U/mg	%	
F0	50	6.83	341.5	100	3132.9	156645	458.7	100	1
F1	47	6.04	283.9	83.1	32.5	1527.5	6.6	5.4	0.01
F2	28	3.60	100.8	29.5	14.9	417.2	6.9	4.1	0.89
F3	41	1.05	43.1	12.6	3.9	159.9	6.2	3.7	0.81
F4	20	1.77	35.4	10.4	6227.8	124556	3518.5	79.5	7.7

4 Diskussion

4.1 Kationenaustauschchromatographie

Bei der chromatographischen Reinigung fiel auf, dass der Sephadex-Gehalt der Säule trotz der eingesetzten 15 ml deutlich geringer aussah als bei den anderen Gruppen. Zudem war die Säule kaputt und musste gewechselt werden, was neben Zeit- auch zu Probenverlust und erhöhtem Pufferbedarf zum Spülen führte. Die Fraktionen zeigten bei der photometrischen Messung eindeutige Absorptionswerte, sodass das Eluat leicht in F3 und F4 zu unterteilen war.

4.2 Proteinbestimmung nach Bradford

Die misslungene BSA-Eichreihe führte zu einer ungenauen Konzentrationsbestimmung der Proteinmenge. Fehlerquellen könnten vertauschte Proben oder Pipettierfehler sein. Zur Konzentrationsbestimmung wurde die Eichgerade einer anderen Gruppe mit möglichst ähnlichen Werten, jedoch ohne solch extreme Ausreißer verwendet. Die ungenaue Konzentrationsberechnung wirkte sich direkt auf die für die Berechnung der Anreicherung und die für die SDS-PAGE verwendete Proteinmenge und somit auf die Bandenintensität aus.

4.3 SDS-PAGE

Beim Gießen des Gels haben sich aufgrund des kaputten Kamms zwei Taschen durch eine eingeschlossene Luftblase miteinander verbunden, sodass eine Tasche unbrauchbar wurde. Die Betreuer hatten jedoch weitere Gele vorbereitet, sodass ein unbeschädigtes Gel zur Verfügung stand.

Der Probenpuffer beschwerte die Proben aufgrund des anscheinend ungewöhnlich geringen Glyceringehalts nicht ausreichend, sodass sich das Beladen der Taschen als schwierig erwies. Bei einigen Taschen lief etwas Probe aus der Tasche hinaus und gelangte in den Elektrophoresepuffer oder in die benachbarte Tasche. Die Banden entsprechen trotz der widrigen Umstände den Erwartungen. Die Intensität der Banden ist sehr stark, was vermutlich daran liegt, dass aufgrund des misslungenen Bradfordtests eine zu geringe Konzentration bestimmt wurde und die SDS-PAGE folglich mit zu viel Protein beladen wurde.

F0 enthält das gesamte Proteom des Hühnereiweißes. Die Bande des Lysozyms ist im unteren Teil der Spur deutlich zu erkennen. Die anderen Proteine wurden erfolgreich in F1-3 vom Lysozym abgetrennt. Die Lysozymkonzentration in den Zentrifugationsüberständen und der Waschfraktion ist sehr gering. Die verschmierten Banden im oberen Bereich der Spuren 1-4 deuten auf einen hohen Proteingehalt im Eiklar mit molekularen Massen im Bereich von 25 bis 50 kDa hin, wobei sich die Banden von Proteinen mit ähnlichen molekularen Massen teilweise überlagern. Die überhöhte Bandenintensität ist zum Teil der oben erwähnten zu niedrig berechneten Proteinkonzentration geschuldet, aber auch posttranslational modifizierte Proteine erzeugen verschmierte Banden, da sie nicht vollständig durch SDS denaturiert werden können. F4 enthält das aufgereinigte Lysozym. Die Bande des gereinigten Lysozyms in Spur 5 ist sehr intensiv. Der Vergleich mit der Bande des Lysozyms in Spur 1 lässt auf eine deutliche Anreicherung schließen, welche in einer Anreicherungstabelle überprüft und bestätigt wurde. Über und unter der Bande des gereinigten Lysozym sind zwei schwache Banden erkennbar. Angesichts der hohen Intensität der Bande des Lysozym und der geringen Intensität der Banden der Verunreinigungen, kann auf eine hohe Reinheit des Lysozyms geschlossen werden. Beim Auftragen der korrekten Proteinmenge wären diese Verunreinigungen vermutlich zu schwach, um im Gel sichtbar zu sein.

Über die Nachweisgrenze der SDS-PAGE lässt sich aufgrund der ungenauen Konzentrationsbestimmung nach Bradford keine gesicherte Aussage treffen. Die Nachweisgrenze von Coomassie Brillant Blue G-250 liegt laut Literaturwerten bei etwa 0,5 µg Protein. [URL2012]

Die molekulare Masse kann durch den Vergleich mit dem Marker auf etwa 14 kDa geschätzt werden, was mit dem Literaturwert von 14.3 kDa [Wahl2012] übereinstimmt.

4.4 Enzymaktivität

Bei der Enzymaktivitätsmessung konnte eine lineare Abnahme der optischen Dichte gemessen werden. Lediglich die Messung der F1 ergab einen kurvenförmigen Verlauf. Vermutlich wurde eine zu geringe Verdünnung verwendet. Die Ausgleichsgerade hätte hier nur im vorderen lineren Bereich angepasst werden sollen.

Der Anreicherungsfaktor von nur 7.7 des gereinigten Lysozyms ist angesichts der Bandenintensität und des Umstandes, dass die Fraktionen F1-3 kaum Lysozym enthalten (vgl. 3 auf Seite 10) vermutlich zu niedrig. Das ist wahrscheinlich dem Probenverlust an der kaputten Säule und der fehlerhaften Konzentrationsbestimmung nach Bradford geschuldet, welche Folgefehler verursacht, die sich durch die gesamte Reinigungstabelle ziehen. Theoretisch wäre nach Gleichung (10) auf Seite 13 bei einem Lysozymgehalt von 3.5% [Wahl2012] im Hühnereiweiß ein Anreicherungsfaktor von 28.6 möglich. Die Literaturangaben zum Lysozymgehalt variieren jedoch stark (1.6-10%), sodass keine verlässliche Aussage hierzu getroffen werden kann.

4.4.1 Zusammenfassung

Das Versuchsziel wurde erreicht. Lysozym konnte in hoher Reinheit und in zufriedenstellender Quantität angereichert werden.

Anhang

5.1 Beispielrechnungen

a) Berechnung der Proteinmenge in µg aus der Geradengleichung der BSA-Eichreihe:

$$x = \frac{E_{570} - n}{m} = \frac{0.643 - 0.0105}{0.006} = 105.417\,\mu g \tag{1}$$

b) Berechnung der Proteinkonzentrationen der Fraktionen in µg/µl:

$$\frac{\text{Proteinmenge}}{\text{eingesetzes Volumen}} \cdot \text{Verdünnungsfaktor} = \frac{105.417\,\mu g}{30\,\mu l} \cdot 1 = 3.514\,\mu g/\mu l \tag{2}$$

c) Berechnung des benötigten Volumens für die SDS-PAGE:

$$\frac{\text{benötigte Proteinmenge}}{\text{Proteinkonzentration}} = \frac{15\,\mu g}{6.826\,\mu g/\mu l} = 2.197\,\mu l \tag{3}$$

d) Berechnung der Gesamtmenge an Protein in µg:

$$\text{Volumen der Fraktion} \cdot \text{Proteinkonzentration} = 50\,ml \cdot 6.83\,mg/ml = 341.5\,mg \tag{4}$$

e) Berechnung der Ausbeute:

$$\frac{\text{Gesamtmenge von F1}}{\text{Gesamtmenge von F0}} \cdot 100 = \frac{283.9\,mg}{341.5\,mg} \cdot 100 = 83.1\% \tag{5}$$

e) Berechnung der Volumenaktivität:

$$v_0 = \text{Steigung pro Sekunde} \cdot \text{Verdünnung} \cdot 60\frac{s}{min} = 0.000289189\,s^{-1} \cdot 500 \cdot 60\frac{s}{min} = 8.67567\,min^{-1} \tag{6}$$

$$V_A = \frac{\text{Steigung pro Minute} \cdot V_{\text{Küvette}}}{\varepsilon \cdot d \cdot V_{\text{Probe}}} = \frac{8.67567\,min^{-1} \cdot 2.6\,ml}{0.012\,cm^2\mu mol^{-1} \cdot 1\,cm \cdot 0.6\,ml} = 3132.9\,U/ml \tag{7}$$

f) Berechnung der Gesamtaktivität:

$$\text{Volumen der Fraktion} \cdot \text{Volumenaktivität} = 50\,ml \cdot 3132.9\,U/ml = 156645\,U \tag{8}$$

g) Berechnung der Spezifischen Aktivität:

$$\frac{\text{Gesamtaktivität}}{\text{Gesamtmenge}} = \frac{156645\,U}{341.5\,mg} = 458.7\,U/mg \tag{9}$$

h) Berechnung des maximalen Anreicherungsfaktors:

$$\frac{100\%}{\text{Anteil Lysozym in }\%} = \frac{100\%}{3.5\%} = 28.6 \tag{10}$$

5.2 Rohdaten

5.2.1 Proteinbestimmung nach Bradford

Tabelle 3: Extinktionswerte der BSA-Eichreihe bei 570 nm

m in µg	0	1.5	3	5	7.5	10	15	20	25	30
E 570 nm	0.096	0.104	0.103	0.194	0.218	0.233	0.353	0.211	0.295	0.227
E 570 nm	0.086	0.104	0.134	0.138	0.113	0.170	0.185	0.167	0.367	0.218
Mittelwert	0.091	0.104	0.119	0.166	0.166	0.202	0.269	0.189	0.331	0.223
ohne Hintergrund	0.000	0.013	0.028	0.075	0.075	0.111	0.178	0.098	0.240	0.132

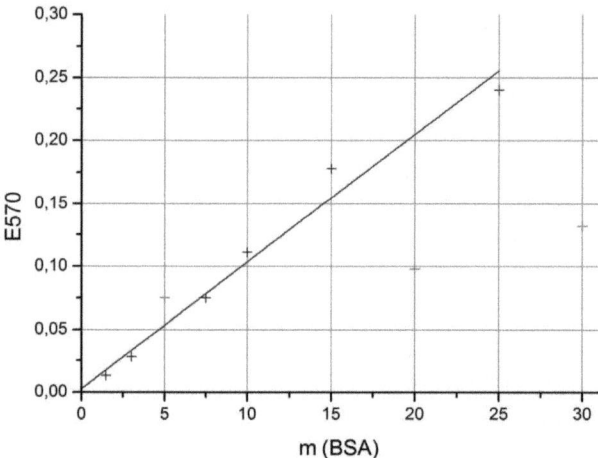

Abbildung 5: Ausgleichsgerade der BSA-Eichreihe; die roten Messpunkte wurden maskiert, da sie stark vom linearen Verlauf abweichen; Geradengleichung: $y = 0.001011x + 0.00263$

Tabelle 4: Extinktionswerte der unverdünnten Fraktionen bei 570 nm

Unverdünnt	F0	F1	F2	F3	F4
E 570 nm	0.859	0.845	0.403	0.239	0.287
E 570 nm	0.609	0.653	0.370	0.217	0.248
Mittelwert	0.734	0.749	0.387	0.228	0.268
ohne Hintergrund	0.643	0.658	0.296	0.137	0.177

Tabelle 5: Extinktionswerte der 1:10 verdünnten Fraktionen bei 570 nm

1:10	F0	F1	F2	F3	F4
E 570 nm	0.286	0.252	0.200	0.124	0.141
E 570 nm	0.282	0.256	0.205	0.129	0.156
Mittelwert	0.284	0.254	0.203	0.127	0.149
ohne Hintergrund	0.193	0.163	0.112	0.036	0.058

Tabelle 6: Extinktionswerte der BSA-Eichreihe von Gruppe 7 bei 570 nm

m in µg	0	1.5	3	5	7.5	10	15	20	25	30
E 570 nm	0.094	0.114	0.117	0.122	0.147	0.174	0.186	0.178	0.258	0.270
E 570 nm	0.093	0.113	0.122	0.123	0.158	0.170	0.211	0.248	0.283	0.287
Mittelwert	0.094	0.114	0.120	0.123	0.153	0.172	0.199	0.213	0.271	0.279
ohne Hintergrund	0.000	0.020	0.026	0.029	0.059	0.079	0.105	0.119	0.177	0.185

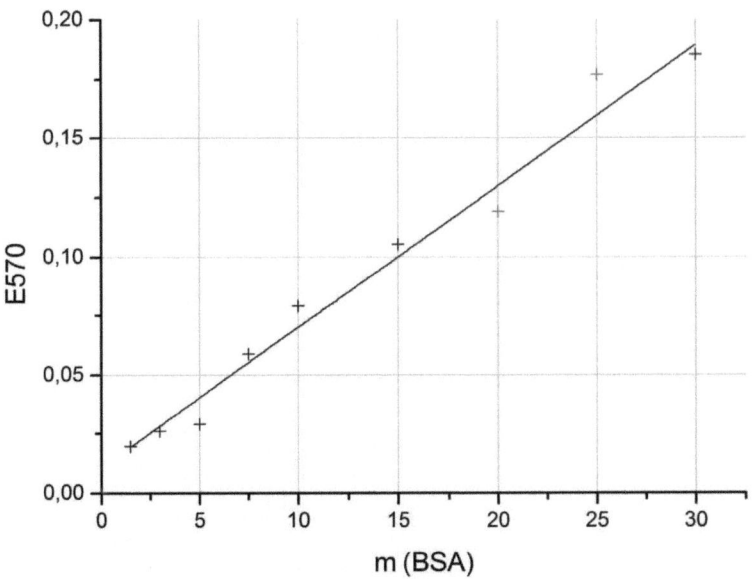

Abbildung 6: Ausgleichsgerade der BSA-Eichreihe von Gruppe 7; die roten Messpunkte wurden maskiert, da sie stark vom linearen Verlauf abweichen; Geradengleichung: $y = 0.006x + 0.0105$

5.2.2 Enzymaktivitätstest

Tabelle 7: Enzymaktivitätsmessung, Extinktionswerte der Fraktionen bei 470 nm

Zeit in s	F0 1:500	F1	F2	F3	F4 1:500
0	0.490	0.423	0.507	0.533	0.526
5	0.485	0.404	0.511	0.534	0.518
10	0.483	0.391	0.508	0.533	0.514
15	0.487	0.374	0.503	0.530	0.510
20	0.483	0.358	0.498	0.530	0.507
25	0.478	0.342	0.492	0.532	0.506
30	0.476	0.328	0.488	0.530	0.503
35	0.476	0.314	0.484	0.529	0.499
40	0.477	0.301	0.481	0.526	0.492
45	0.476	0.289	0.477	0.523	0.488
50	0.473	0.280	0.472	0.522	0.485
55	0.470	0.272	0.468	0.523	0.484
60	0.466	0.265	0.464	0.523	0.482
65	0.463	0.257	0.461	0.521	0.480
70	0.460	0.250	0.457	0.520	0.479
75	0.458	0.242	0.454	0.519	0.477
80	0.455	0.234	0.451	0.519	0.475
85	0.455	0.226	0.448	0.519	0.472
90	0.453	0.218	0.445	0.519	0.470
95	0.452	0.211	0.442	0.517	0.467
100	0.450	0.205	0.438	0.516	0.464
105	0.448	0.199	0.435	0.516	0.462
110	0.446	0.193	0.431	0.516	0.459
115	0.445	0.187	0.428	0.514	0.457
120	0.444	0.182	0.425	0.513	0.454
125	0.444	0.177	0.422	0.512	0.451
130	0.445	0.172	0.418	0.510	0.447
135	0.445	0.167	0.415	0.509	0.443
140	0.445	0.163	0.412	0.508	0.439
145	0.445	0.159	0.409	0.507	0.436
150	0.446	0.155	0.406	0.506	0.431
155	0.444	0.151	0.403	0.505	0.428
160	0.443	0.148	0.400	0.505	0.424
165	0.443	0.144	0.398	0.504	0.422
170	0.442	0.141	0.395	0.503	0.420
175	0.439	0.137	0.392	0.503	0.418
170	0.436	0.134	0.389	0.503	0.417